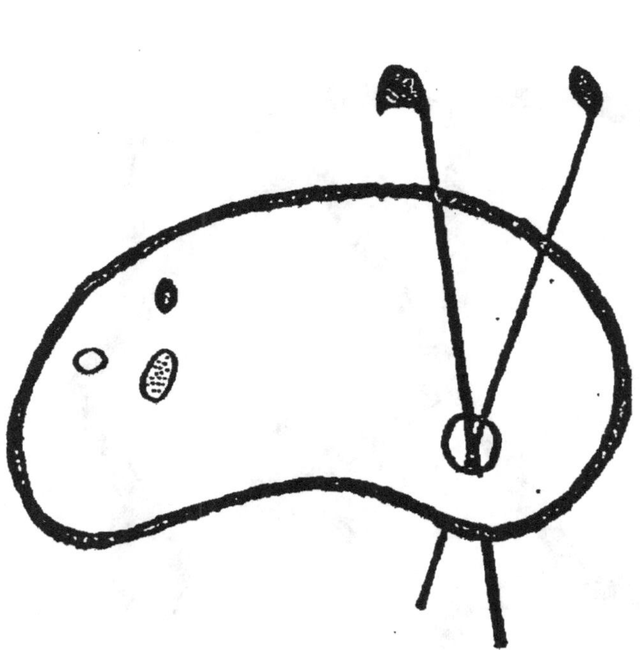

DEBUT D'UNE SERIE DE DOCUMENTS
EN COULEUR

Couverture inférieure manquante

SOUVENIR

DE

Mon Voyage

En Espagne, en Portugal

PAR

L'abbé S.-M. LABORDE, Missionnaire apostolique

NOVEMBRE 1896

DAX

Imprimerie-Reliure Hasaël LABÈQUE

11, rue des Carmes.

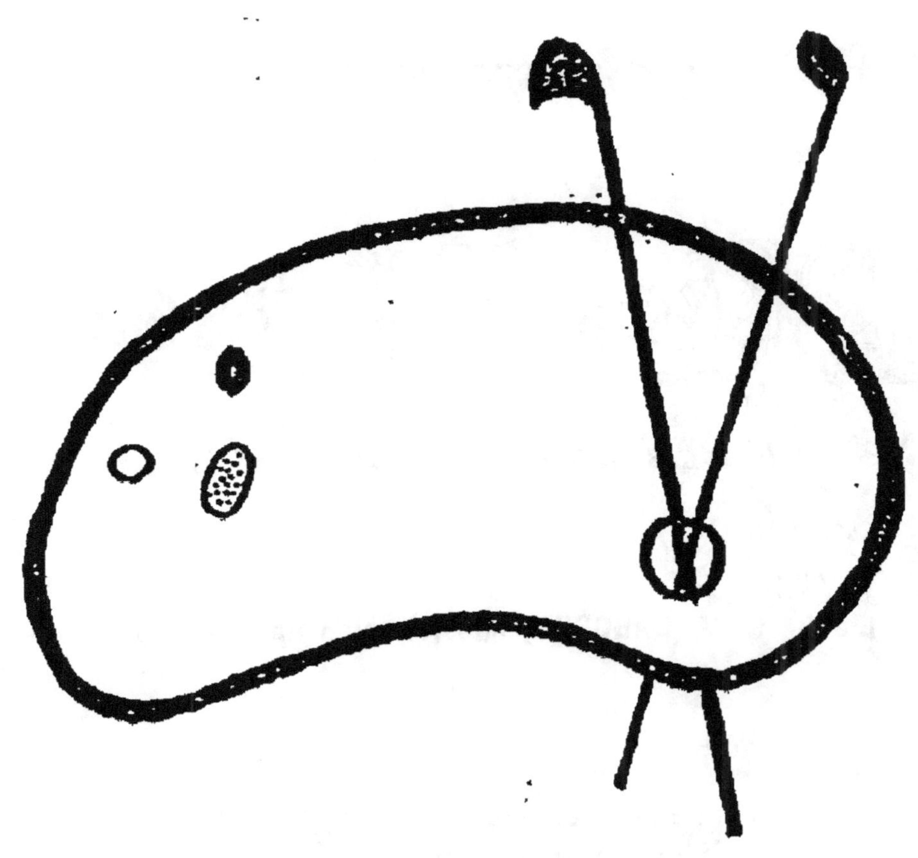

FIN D'UNE SERIE DE DOCUMENTS
EN COULEUR

A mes Frères, à mes Sœurs, à mes Amis

SOUVENIR

DE

Mon Voyage

En Espagne, en Portugal

PAR

L'abbé S.-M. LABORDE, Missionnaire apostolique

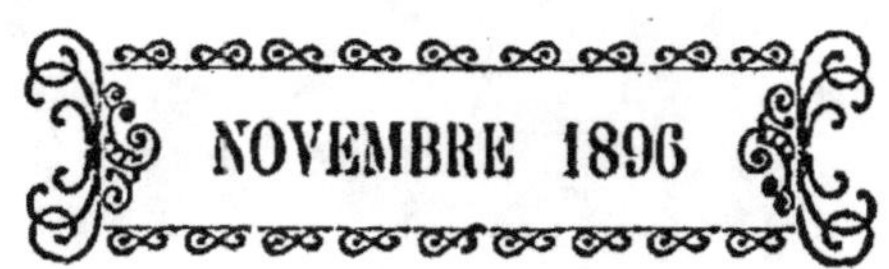

NOVEMBRE 1896

DAX

Imprimerie-Reliure Hazaël LABÈQUE
11, rue des Carmes.

A mes Frères, à mes Sœurs, à mes Amis

SOUVENIR

DE

Mon Voyage en Espagne, en Portugal

NOVEMBRE 1896

Journal du Bord. — Vapeur Français PIERRE-PAUL

Capitaine :　　　A. BIRABEN.
Second :　　　　M. ARNAUD.
Chef mécanicien :　M. BROUARD.
Maître d'équipage :　VAILLANT.

Vendredi, 6 Novembre 1896. — Le navire est encore sur ses amarres, en face des Quinconces de Bordeaux, mais, à 9 heures précises du matin, l'ancre sera levée et on doit arriver en mer vers 4 heures de l'après-midi. Il fallait compter sans l'imprévu, car une réparation à la machine nécessite un arrêt à Lormont.

On stoppe .. La machine est vidée, et après réparation,

de nouveau remplie d'eau apportée par une chaloupe-réservoir. C'est seulement à 4 heures qu'est reprise la route interrompue. Le pilote de Bordeaux, M. Favrau, homme charmant, nous quitte à Pauilhac et nous fait ses adieux... Je me trompe ; il nous dit au revoir, cédant sa place à un collègue qui nous quittera à Royan. La nuit est obscure et le passage dans la rivière des plus dangereux, à cause des nombreux navires échelonnés à droite, à gauche. A Royan, le pilote, malgré les cris répétés de la sirène qui n'est pourtant pas enrouée, fait la sourde oreille... et enfin obligé de se rendre, il est pris à parti par le brave capitaine qui déjà avait eu à se plaindre de ses mauvais procédés à son égard. La semonce, bien méritée, pourra, peut-être, faire rentrer dans le devoir ce mal élevé, et être utile à d'autres navigateurs qui seront mieux traités à l'occasion. Il monte à notre bord, et son bateau suit à la remorque. Nous arrivons à l'Océan... Il est minuit... Le pilote nous quitte, sans adieux touchants, et nous voilà seuls, les vrais amis, filant à toute vapeur vers Bilbao. Je vais me coucher.

La mer soulève ses flots, et les vagues qui déjà, dans la soirée couraient, moutons épais bondissant frénétiquement, donnent au *Pierre-Paul* des secousses qui m'empêchent de fermer l'œil.

Samedi 7 Novembre. — Je me lève à 6 heures, et, renonçant à dire la messe, je déjeûne. Nous sommes en plein Océan... Des bandes de marsouins viennent se jouer aux abords du navire. Ils bondissent, s'élancent, courent à fleur d'eau pour rebondir encore... Vraiment, le spectacle est ravissant, et je ne puis que rire et m'égayer.

Sur le pont, le gentil, l'intelligent Socoa, chien de race particulière, se précipite à tribord, à babord, aboyant avec fureur. La vue des monstres marins l'irrite. Il voudrait les déchirer à belles dents...

Nous avons une comédie des plus drôles. Le vent souffle avec violence et la danse continue. Il est 6 heures du soir et la course du *Pierre-Paul* ne cesse pas d'être rapide. Hélas ! un brouillard intense nous empêche d'apercevoir les feux de la côte !!! Tout en nous rapprochant de terre, nous ne savons plus où nous sommes... On avance toujours ; mais le capitaine n'ose s'aventurer trop loin, craignant le voisinage des rochers. Aussi, l'ordre est-il donné de prendre des précautions... On tirera des bordées, jusqu'à ce que le jour permette de se reconnaître. Quelle triste nuit ! Couché dans ma cabine, je suis bercé de la belle manière, jusqu'à ce qu'enfin, le dimanche à 6 heures du matin, j'entends des ordres donnés pour courir en avant...

Dimanche, 8 Novembre. — On m'appelle sur la dunette, je m'y rends en toute hâte, et quel spectacle, Grand Dieu ! s'offre à mes regards ? Le *Pierre-Paul* s'élève sur une vraie montagne écumante, pour s'abattre bientôt après. Il semble devoir s'engloutir... Les vagues balayent le pont, rebondissent même sur mon poste d'observation. La sirène fait entendre sa voix retentissante... On hisse le pavillon réclamant le pilote. Il accoste, monte à bord et nous sortons enfin de la tempête qui se déchaînait avec fracas. Les montagnes de l'ortugalette nous mettent à l'abri du vent.

Il est 8 heures, on demande à franchir la barre.

Le pilote-major, un sale Monsieur, n'acquiescé pas au désir du capitaine. Il faut jeter l'ancre et attendre. *Alea jacta est !* Qu'y faire ?... Nous devons patienter jusqu'à la marée, c'est-à-dire jusqu'à 5 heures du soir. En vue de la terre promise, sans pouvoir y entrer, c'est le comble de l'ennui...

A 9 heures je dis ma messe dans le salon, et c'est le mousse qui me sert d'enfant de chœur. Je déjeune, et nous tâchons de ne pas trop nous ennuyer, à 4 heures le temps est détestable. La marée monte et le courant très fort donnant, sans doute, des craintes au pilote, qui est toujours à bord, craintes de voir le vapeur briser ses chaines, ordre est donné de reprendre le large. Pour le coup ! chacun de protester... Mais il faut céder à l'arbitraire et le *Pierre Paul* entre en danse, pas pour la première fois !... Au large, ce sont des montagnes d'eau qui nous entourent, prêtes, ce semble, à nous servir de suaire. Seulement, personne parmi nous ne redoute le vorace et ne veut de ses caresses par trop intéressées. Le vapeur tenait bon et se comportait vaillamment. A 6 heures le cap est mis vers la barre. Nous la franchissons pour jeter l'ancre dans le port de Portugalette. Plus rien à redouter du mauvais temps .. Vite à table pour le souper, et puis on se reposera jusqu'au lendemain...

Lundi, 9 novembre. — A 6 heures je dis ma messe, déjeune et assiste à la manœuvre qui permet au *Pierre Paul* de quitter son lit de repos pour remonter la rivière qui mène à Bilbao... A 9 heures, il s'amarre aux quais. A babord, des villas charmantes dominées par de hautes montagnes au versant desquelles on aperçoit des maisons de paysans. A tribord, les hangars pour les marchandises. Sur les deux rives, des tramways électriques, des trains qui se succèdent tous les quarts d'heure ; ils passent à 50 pas du navire. Après dîner, Achille, M. Brouard et moi prenons terre pour aller en ville. Le temps est affreux et nous nous rendons au Café Suisse, où le capitaine est agréablement surpris de rencontrer l'excellent pilote de Pauilhac, M. Castillon allant à Santander, chercher un vapeur de la compagnie Péreire. Ce Monsieur me propose de visiter une magnifique Eglise. Vite j'accepte son invitation et il m'a été donné d'admirer un édifice de toute beauté. Partout des peintures où brillent l'or et l'argent. C'est de la plus grande richesse, mais à mon avis pas assez pieux... sentant trop le théâtre... C'est une chapelle de Jésuites. Nous sortons de la maison de Dieu. A peine, sous le porche, un orage épouvantable se déchaîne. Les éclairs sillonnent la nue... Le tonnerre gronde, la grêle jonche les rues. Il serait imprudent de sortir. Deux minutes après, la foudre tombait sur une maison, à 20 mètres de nous. Nous pouvons enfin profiter d'une embellie.

M. Castillon se rend à la gare, le capitaine à son bord et M. Brouard et moi prenons des billets pour Portugalette. Il est 4 heures... Toujours la pluie ! Nous voici arrivés dans une ville coquette et des mieux bâties. Peu de monde qui circule. Le temps est si mauvais !! Nous franchissons la jetée, mais seulement jusqu'au poste du pilote-major, car s'aventurer au delà eût été de l'imprudence de notre part. Quel vent !... La mer déferlait avec furie. Nous faisons demi tour pour entreprendre une traversée des plus originales. Il s'agissait d'aborder sur la rive opposée, et c'est dans une voiture suspendue entre deux piles en fonte que nous effectuons notre voyage aérien. La voiture avance tirée par des amarres assujetties à des roues placées au sommet du pont, sur des rails. Les roues se meuvent, entraînant le véhicule, sur la rive qu'on désire atteindre. Nous voilà dans la Portugalette Basque. Il est 6 heures et pour revenir à Bilbao, un tramway à chevaux nous procure les loisirs d'une promenade fort ennuyeuse... Arrêt presque toutes les 5 minutes !!! Et c'est à 7 heures 1/2 que mettant pied à terre, nous hélons le *Pierre-Paul*. La yole accoste ; la pluie tombe à torrents... Nous sommes arrivés... Tout va bien qui finit bien ! Un bon souper nous attend pour nous réconforter et on oublie les mésaventures de la journée, dans des causeries toutes de gaîté et de plaisanteries du meilleur goût. Il n'est pas tard encore... Faut-il se séparer et aller dans sa cabine ? Non, non... Nous sortons en ville, l'ami Achille et M. Brouard pour se rendre au théâtre ; M. Arnaud et moi pour promener.

Bilbao me plaît. Les magasins y sont très riches et parfaitement fournis d'objets variés et des plus luxueux. La soirée a été on ne peut mieux remplie. A 10 heures nous rentrons à bord, et après avoir rédigé mon journal, je vais me coucher.

Mardi 10 Novembre. — Le déchargement s'opère dès le matin, de bonne heure. A 8 heures, pour ne pas déranger mon ami, le capitaine, qui devait me servir la messe, je me rends à une église de Bilbao, sur la rive gauche, après avoir traversé la rivière sur un pont suspendu et tournant. Je remarque, en passant, la Mairie, un monument des plus beaux ! L'église où je pénètre est assez ordinaire. Pas d'architecture. A l'intérieur, de nombreux autels où des prêtres célèbrent le St-Sacrifice. Je me rends à la sacristie, et après avoir présenté mon *celebret* à celui que je suppose être le curé de la paroisse, je puis, mais après 3 quarts d'heure d'attente, monter aussi à l'autel. J'entends le chant des morts...

C'est un jeune homme de 22 ans qui est là, dans son cercueil, et pour lequel on prie. 16 prêtres l'entourent et la messe de *Requiem* est chantée par un officiant avec diacre et sous-diacre. Je quitte le sanctuaire pour aller déjeûner à bord. Nous dinons, et le *Pierre-Paul* devant repartir vers 3 heures, je cours en ville afin d'y faire quelques achats. J'ai parcouru plusieurs rues que je n'avais pas visitées, le nouveau palais du Conseil général, les marchés de la Ville Neuve.

J'embarque quelques minutes avant que les amarres ne soient lâchées. Le pilote est à son poste. La manœuvre s'opère et nous sommes en plein canal descendant la rivière l'*Ansa*. *Tribord, babord, babord un peu, tribord un peu, droite !* tels sont les commandements donnés et exécutés avec précision. Le capitaine est sur la passerelle avec le pilote. Pour moi, debout sur la dunette, je ne perds aucun mouvement du vapeur, jetant les yeux de tous côtés, sur les fonderies, les villas, les boutiques, les montagnes, les gens qui passent. Mes distractions sont on ne peut plus variées. La barre est franchie. Portugalette, St-Ignace brillent de mille feux électriques. Le coup d'œil est féerique. Nous prenons le large, et en avant pour Lisbonne !

On me fait remarquer Santander, au loin, des phares sur la côte. Nous soupons, et à 9 heures, dans ma cabine, le délicieux petit lit me reçoit pour me faire goûter les douceurs du sommeil.

Mercredi 11 Novembre. — A 6 h. 1/2, on danse au-dessus de ma cabine ; c'est Achille qui veut me réveiller. J'étais déjà sur pieds, et montant sur la dunette, je serre la main aux amis réunis depuis déjà longtemps. A babord, les montagnes Espagnoles et le Cap Peñas. A 8 heures, messe servie par le mousse... déjeuner... promenade sur le pont... visite à la machine et, à 11 heures, dîner sur la dunette, par un temps splendide, un soleil radieux, une mer calme comme un lac. Quels magnifiques horizons !

Les montagnes sont là, à notre gauche, et avec ma lorgnette je distingue les maisons de nombreux villages des Asturies. Devant nous, la grande pointe d'Estaca, le mont Varès avec son sémaphore et son phare. Un peu à droite, un rocher isolé, celui d'Estaca. Nous jouissons d'un ravissant coucher du soleil. Il est 5 heures. A table !... Il fait bon respirer la brise du soir, par une nuit délicieuse. Un grand paquebot est signalé sur les devants du navire. Les feux sont allumés et ses hublots nous font deviner par leurs clartés, les divers appartements du trans-tlantique. Il se dirige vers le cap Finistère. Huit heures ! On s'est souhaité bonne nuit. Daigne l'étoile des matelots protéger ses enfants voguant sur le vaste Océan des mers ! Je vais réciter mon chapelet, invoquer la douce Madone et prier pour tous ceux qui me sont chers et qui ne seront certes pas oubliés, durant ma traversée. Plaise à Dieu qu'ils pensent aussi, dans leurs prières, à l'absent qui leur a donné rendez-vous dans le cœur du Divin Maître !

Jeudi 12 Novembre. — Les jours se suivent et ne se ressemblent pas. Le temps, hier si beau, le Ciel si pur, tout s'est transformé, durant la nuit, en tempête et le *Pierre-Paul* semblait devoir s'engloutir. Deux chocs épouvantables l'ont ébranlé jusqu'à ses fondements, jusqu'à ses fibres les plus intimes. On aurait dit le dernier cri d'un mourant. Mais, cher *Pierre-Paul,* tu ne capituleras pas avec l'ennemi et comme le guerrier valeureux tu marcheras toujours en avant, sans crainte ni défaillance. Il est 6 heures. Je me lève après une nuit fort agitée, croyant à chaque instant couler à pic. La mer a de belles horreurs ! Je monte sur la dunette. Impossible de célébrer... Impossible de se tenir debout sans s'accrocher aux bastingages. Là, à notre gauche la roche Buffardo sur laquelle vint se briser le *Serpent,* qui portait dans ses flancs 400 hommes. Ils périrent tous. Là, aussi, plus loin, le Cap Vilano témoin du naufrage d'un vaisseau de guerre anglais, en 1883. Je déjeûne à 8 heures 1/2, récite mon office, aide à la manœuvre pour me distraire, plie les pavillons qu'on avait hissés pour les faire sécher. A 11 heures nous dînons sur le pont, à babord. Le vapeur roule de plus belle. Il penche à droite, à gauche, comme une élégante qui veut en valsant, étaler les charmes de sa personne. Gare aux plats, aux bouteilles, aux verres ; gare aussi à nos personnes qui risquent fort de s'abattre le long de la table ! Malgré tout, nous tenons bon et achevons le repas, sans encombre, mais non sans rire et nous égayer. Vers 1 heure il s'agit de hisser les voiles et j'entends ne pas rester inutile. Je m'emploie de mon mieux à la manœuvre. D'abord tout va bien. Hélas ! mon estomac bat la chamade. Il va danser la farandole... Vite je cours sur la dunette, prêt à compter des chemises ! chacun son métier !

Le mal de mer n'a pas eu fort heureusement sur moi des conséquences fâcheuses. Jusqu'à 4 heures je cause avec le second de choses et autres, abrité derrière une tente de toile ; la mer est plus clémente. Nous apercevons un grand nombre de vapeurs, des bateaux de pêche de Vigo. Ils passent à côté de nous. L'heure du souper est annoncée, à table, donc ! Mais comme à midi, gare dessous, avec les mêmes résultats, cependant.

Je descends au salon pour prendre la plume et continuer mon journal. La machine ne discontinue pas sa musique. Nous filons à toute vapeur et en attendant le lendemain, je vais me coucher, comptant sur une bonne nuit. A demain !

Vendredi 13 Novembre. — Lever à 6 heures 1/2. Je n'ose monter à l'autel, car la mer, sans avoir trop de lame, fait le gros dos et le roulis pourrait m'exposer à quelque accident. A 8 heures déjeuner et promenade sur la dunette. Dans le lointain, à babord deux pointes que je prends pour un navire. Ce sont des rochers, les îles de Fariloé faisant partie du groupe des îles de Berlingue... A babord encore le cap Carcoeiro avec phare. Le bon Achille veut me procurer le spectacle le plus délicieux qu'il soit possible d'imaginer. Le *Pierre-Paul* longera la côte pour me permettre de voir à l'œil nu tout le pays. Ce sont des falaises où apparaissent des maisons blanches... Ce sont des moulins à vent en quantité prodigieuse. Toujours à gauche, le cap Broca avec phare ; le cap Razo ; et plus loin un sémaphore du dit cap, d'où le capitaine reçoit des saluts du gardien, saluts auxquels il répond, en agitant son béret ; le *Pierre-Paul* était connu dans ces parages. J'admire autant que faire se peut, vu la distance, le Couvent de Maphra, je dois dire l'ancien Couvent, transformé en école d'artillerie. Sa façade est toute de marbre blanc. Il a coûté 365 millions.

Toujours en avançant, de charmants villages, des pins qui me rappellent le pays quitté et enfin nous entrons dans la baie de Cascaës, où nous prenons le pilote. Cascaës est le Biarritz du Portugal, affirment les Portugais. Oui, peut-être, seulement le Biarritz d'autrefois, pas celui d'aujourd'hui certainement, ce Biarritz qui fait l'admiration de tous les étrangers.

Je dois bien l'avouer, l'entrée du Tage est de toute beauté. C'est à Cascaës que se trouve la résidence royale, durant la saison d'été. Les villas y abondent. Nous avançons vers San Juliao, fort, sémaphore et phare, à l'entrée du Tage. En face, à tribord, le phare de Boujio avec feu électrique, à éclats blancs et rouges, d'une grande puissance. Ce phare, construit en pleine rivière, sert aussi de fort. Nous mouillons en rade de Belem, le soir, à la tombée du soleil, et ne pouvant obtenir le service de santé ; Après avoir pris notre repas, entendu à bord les sons d'un accordéon, le chant des matelots (car on s'égaye après une journée de fatigue) nous allons prendre du repos.

A demain samedi, l'entrée définitive au port, jusqu'au départ qui aura lieu dimanche.

Samedi 14 Novembre. — A 6 heures du matin, messe servie par le mousse. Déjeuner. La santé permet l'entrée. Le vapeur lève ses ancres et nous avançons vers Lisbonne qui nous apparaît dans le lointain avec ses clochers, ses grandes maisons en amphithéâtre. On mouille, et le déchargement commence. A 10 heures je débarque avec le maître mécanicien et le chef cuisinier, afin d'aller au marché faire les provisions. Tout d'abord, nous nous rendons chez un compatriote de Mont-de-Marsan, M. Garrelon, consignataire de la maison Biraben. Il est avec son fils Maurice, jeune homme des plus sympathiques et le fils d'un ami, M. Dubedout, lui aussi de Mont-de-Marsan.

Il me faut accepter une invitation à diner pour 11 h. Le temps s'écoule rapidement avec des amis. Et le marché ? Nous y courons. La place est très mouvementée... Des fruits variés, provenant des tropiques, des poissons aux écailles d'or, du gibier de toute sorte et en quantité sont là, disposés avec ordre et attendant l'acheteur.

Les Portugais, peu habitués sans doute à voir des prêtres Français, me considèrent avec curiosité. Tous les regards se dirigent sur mon humble personne sans toutefois l'émouvoir. Il me faut utiliser les quelques instants qui me séparent du diner. J'aperçois une église à deux tours carrées, c'est l'église San Antonio de Padoue. Après y avoir prié le grand Saint, je pénètre dans la cathédrale qui est à deux pas.

Celle-ci me paraît assez ordinaire pour une église où pontifie le Cardinal de Lisbonne, alors que la capitale possède des monuments remarquables par leur architecture et leurs trésors. Dans la cathédrale, une seule chose me frappe : ce sont des peintures sur mosaïques qui recouvrent les murailles des bas-côtés, et encore certains sujets sont loin d'être religieux... Mais où donc peut être la maison qui vit naître saint Antoine ? Je m'informe... Un charmant enfant, parlant assez bien le français, s'offre à me piloter. La maison est là, sous l'édifice déjà visité, celui du Saint. Le sacristain, allumant un flambeau, me fait traverser plusieurs salles et descendre de nombreuses marches, me recommandant de prendre garde et d'assurer mon pied. Nous voici dans une chambre, pas trop vaste, où se trouve un autel. Dans le fond, sur le mur, une inscription en latin confirmant la naissance du Saint dans ce lieu. Qu'il m'était doux d'adresser au Ciel, dans ce lieu béni, de ferventes prières pour tous ceux que j'aime.

Je cours chez M. Garrelon... On se met à table. Dîner de famille où l'on cause du pays, des Landes. A 2 heures, Achille arrête une calèche ; nous allons visiter, à vol d'oiseau, ce que la ville possède de plus curieux ; des places fort agréables à la vue, des rues à pic, et fouette cocher, pour l'église San Vicente qui est en réparation. Qu'elle est belle, cette église ! Les autels, les colonnettes y sont en mosaïque de diverses couleurs, les tentures, de chaque côté des tabernacles, en marbre dentelé imitant, à s'y méprendre, la broderie à la main.

C'est à San Vicente que se trouve le Panthéon des rois du Portugal. Nous le visitons... Sur des tables de marbre blanc, les cercueils recouverts d'étoffes noires à galons argentés et sur lesquels sont placées de nombreuses couronnes. J'en remarque plusieurs, non pas en *or*, mais en *cuivre*. Le *vil métal* n'eût pas manqué d'exciter la cupidité des Portugais, pour qui rien n'est sacré. Pauvres couronnes en or, vous auriez vécu depuis longtemps avec des gens aussi rapaces ! J'éprouve à la vue de ce séjour de la mort, une drôle d'impression ! *Vanitas vanitatum, omnia vanitas !* Oui, vanité des vanités, tout est vanité. Tel est le cri de mon âme ! Le moindre cimetière de nos campagnes, avec ses tombes recouvertes de fleurs, une croix de bois à leur sommet me laisse autrement ému !.. L'Eglise St-Roch est fermée. Quel dommage ! Elle possède un autel des plus riches et qui a coûté 16 millions...

Visite au jardin de l'école Polytechnique... De l'esplanade, on jouit d'une vue superbe. Le panorama est ravissant. Tout Lisbonne, à droite ; à gauche l'Océan, sillonné par des milliers de navires et de barques... Nous descendons et remontons de nombreuses rues et après avoir contourné la ville, nous voilà près des quais. Il est 4 heures 1/2. Je me rends à bord, me mets en règle avec mon office et la soirée se passe comme à l'ordinaire. Souper à 5 heures ; causeries joyeuses dans le salon, chacun de nous s'efforçant de raviver le feu sacré de la cigarette.

Coucher à 9 h.

Dimanche 15 Novembre. — A 5 heures, je dis ma messe servie par le mousse. On devait lever l'ancre vers 6 heures ; mais à 7 heures nous étions encore sur nos amarres. A 7 heures 1/2 arrivent le capitaine, M. Garelon, son fils, M. Dubedout, M. Tieux, du Crédit Lyonnais, jeune homme fort bien élevé, et M. Commal, un capitaliste habitant Sétubal. On avait projeté une partie de plaisir jusqu'à Sétubal. Nous partons joyeux et tout dispos. La côte, à babord, ne présente rien de particulier ; elle paraît aride. Nous distinguons le sémaphore et le phare d'Espichel ; plus loin, un village de pêcheurs, celui de Cezimbra. Les gens y sont on ne peut plus sauvages ; un exemple le démontrera : des jeunes gens partis en barque de Lisbonne pour Sétubal, il n'y a pas bien longtemps, cette année, si je ne me trompe, furent assaillis au retour par un grain qui mit en lambeaux leur voiture et leur vie en danger. Ils demandèrent du secours à Cezimbra. Pas une embarcation pour leur venir en aide et force leur fut de revenir sur leurs pas, afin d'échapper au naufrage. Tristes gens, indignes du nom d'hommes !... Une chapelle est signalée au haut d'une falaise... C'est Santa Maria de la Cuesta. A côté, un sémaphore et nous prenons à babord pour entrer dans la baie de Sétubal, mais non sans admirer un phénomène fort curieux. Par intervalles, des jets d'eau s'élèvent vers le Ciel, sortant d'une roche percée. La mer s'engouffre à sa base pour ressortir à une certaine hauteur et le coup d'œil est ravissant.

On dînera après arrivée au port. Chacun de s'aider à la besogne pour la disposition du couvert. Une tente est installée à bord, sur le pont, garantissant contre les ardeurs d'un soleil par trop généreux. Il est 1 heure. A table ! tel est notre cri de guerre, et chacun de prendre sa place... L'ami Achille constatait, ou plutôt fait observer qu'en fait de places, il en était de privilégiées. Le mot d'ordre avait-il été donné ? Peut-être ! Mais MM. Arnaud, Brouard, Maurice Garrelon et moi tenions toute une extrémité de cette chère table sur laquelle fut servi un repas à la Lucullus. Rien n'y manquait. Nous étions neuf convives des mieux disposés, tous affamés, et certes on a fait honneur aux plats, au Bourgogne, au Champagne. Quelle franche gaîté ! Quelle bonne humeur gauloise ! Oubliera-t-on les amis absents, la patrie, cette patrie d'autant plus appréciée qu'on en est plus éloigné ?... Ne le croyez pas... De nombreux toasts sont portés à tout ce qui tient au cœur par des fibres les plus intimes. Nous n'étions pas en Portugal, mais en France, abrités par le drapeau tricolore, celui dont nous étions si fiers !

Le soir, vers 4 heures, nous descendons à terre. Setubal me paraît très joli. La population y est de 25,000 habitants, vivant du produit de la pêche. Il s'y trouve une trentaine de fabriques de conserves de sardines. Nous nous rendons au café. Là, beaucoup de monde à jouer, soit aux cartes, soit au billard. Nous, Français, n'y apportons pas la mélancolie. Les Portugais se montrent bienveillants à notre égard, et, comparés à d'autres qui se croient au-dessus du vulgaire, je donne la préférence à ceux de Setubal.

A 7 heures, souper chez un Français, tenant hôtel sur la place, et nous sommes tous là, fidèles au poste, les convives du *Pierre-Paul.* Nouvelle visite au Café, jusqu'à 11 heures, et puis à bord.

Lundi 16 Novembre. — Messe servie par le mousse, à 9 heures, je me rends à terre avec M. Arnaud. Nous sommes introduits dans une église remarquable par son originalité, celle de Jésus. D'immenses colonnes torses attirent mon attention. L'autel est magnifique, mais trop surchargé de dorures et de statuettes. Le chœur est fermé par une balustrade de colonnettes de chêne. Ses marches sont en marbre rouge avec incrustations de marbre noir et d'ivoire. La voûte est en mosaïque... Dans la nef, les pierres tombales des religieuses Clarisses... Sur les murailles, des mosaïques représentant des scènes de la vie de St-François d'Assise ; sur d'autres, les Litanies de la Ste-Vierge, en entier, avec le sujet qu'elles expliquent. En haut, dans des cadres dorés de toute beauté, des peintures sur bois : *Jésus meurt sur la Croix ; Jésus crucifié ou mieux s'étendant sur l'arbre de la Croix ; La Ste-Face ; La Circonci-*

sion ; *L'Adoration des Mages* ; *La Nativité* ; *L'Annonciation* ; *Les stigmates de St-François* ; *La Descente de la Croix* ; *L'Assomption de la Ste-Vierge*. On a offert pour tous ces tableaux un million et demi... Visite aux cloîtres de Jésus, car un couvent y est attaché. Autrefois il était desservi par des Sœurs Clarisses, aujourd'hui par des religieuses Franciscaines de Calais. C'est à Calais que se trouve la maison mère pour la France, et à Porto pour le Portugal.

La Supérieure, une charmante et on ne peut plus aimable espagnole, parlant fort bien le français, me fait parcourir les salles des malades ; c'est un asile de vieillards ; hommes et femmes, séparés pour l'habitation. Le chœur où se réunissent les religieuses pour l'office est splendide... J'y admire la crèche du Sauveur, un véritable joujou, des statues qui sont des reliquaires. Monsieur Arnaud ne m'avait pas quitté. Nous revenons à bord et après dîner, encore à terre... Visite aux orangers de Sétubal, avec MM. Boireau, Commal, Arnaud. C'est une promenade délicieuse... Les arbres sont chargés de fruits d'or. Les mandarines ne manquent pas non plus, et c'est durant deux heures au moins que nos yeux se délectent de tant de belles choses. Jamais je n'oublierai ce souvenir. Une grande avenue se présente à la sortie de cet Eden, celle du lavoir. Le babil des laveuses parvient jusqu'à nos oreilles. Il nous suffit et n'avons garde d'approcher de ces gaillardes, pas embarrassées sûrement pour nous donner un échantillon de leur savoir dire. La gare est des plus ordinaires, à côté, les arènes des courses, place Carlos. On se rend au Café et bientôt après, à bord, moi pour réciter mon office. A 7 heures nous sommes en nombreuse compagnie, huit français de la meilleure humeur...

Souper succulent... A 10 heures, ces Messieurs nous

font leurs adieux et des fusées volantes sont lancées en leur honneur. A leur descente dans le bateau, ils nous remercient par des bravos répétés. Coucher à 11 heures et demie.

Mardi 17 Novembre. — Messe à bord à 6 heures et 1/2, servie par le mousse. Déjeuner. A 8 heures et 1/2, avec l'ami Achille, M. Brouard et le chef cuisinier nous nous embarquons dans un canot et arrivés à terre nous allons saluer M. Boireau, qui se joint à nous tous pour voir l'Eglise du Jésus. La Supérieure nous reçoit avec une grâce toute française, nous ouvre la salle du chapitre, au parquet de marbre blanc et noir. Les murailles sont à carreaux du même genre. Nous pénétrons dans le chœur où ce que je n'avais pas vu la veille, je l'aperçois aujourd'hui : un cercueil recouvert de satin blanc. On l'ouvre et dans le cercueil, le cadavre d'un enfant de 3 à 4 ans, fils adultérin du roi de Portugal Jean II. C'est curieux, mais franchement il faut être en Portugal pour avoir l'occasion de contempler, dans un Couvent, un tel objet, souvenir d'une iniquité.

A 11 heures, à bord... Le temps est à une forte brise, le pilote à son poste. Nous dînons et à 1 heure on met le cap à la mer. Le vapeur est contrarié dans sa marche par deux forces, celle du vent, celle de la houle. Le navire tangue passablement, surtout quand nous arrivons à la pointe d'Espichel. Filerons-nous directement vers Porto ? ou faudra-t-il s'abriter dans la baie de Cascaës ? Le capitaine décide la marche en avant et nous voilà en pleine mer. Nous soupons sur le pont, balancés par les flots, ce qui n'arrête en rien notre appétit...

Toujours des causeries, des taquineries, des bons mots. Si on rit, à bord du *Pierre-Paul ?* Dieu le sait ! La nuit étend son voile sur la mer. Le phare électrique de Roca projette au large sa vive lumière... Encore quelques ins-tants de réunion, et puis chacun chez soi... Il est à peine 7 heures. Malgré le tangage, j'ai pu dormir. M. Brouard, lui, n'a pas voulu descendre dans la tille, près de l'hélice. On y est diablement secoué, paraît-il... Il s'est couché dans la machine. M. Arnaud, qui a sa chambre aussi dans la tille, n'a pu fermer l'œil. Et moi de me serrer les côtes, à force de rire, au récit de tant d'infortunes racontées le matin de cette nuit si fortement agitée.

Mercredi 18 Novembre. — Je m'étais levé à 7 heures, les reins assez brisés, mais pourquoi se plaindre ? Le tangage est trop fort, et ne pouvant dire la messe, je déjeûne. Du pain, du fromage, une bonne tasse de café avec les acces-soires... Sur le pont, nous causons, nous rions. Le temps est magnifique, malgré la forte brise. Le soleil nous gratifie de ses rayons. C'est un vrai printemps... Socoa, le chien fidèle, vient me caresser, mais surtout me salir avec ses pattes graisseuses.

Je vais réciter mon office sur le gaillard d'arrière. Des coups de marteau retentissent à mon oreille. Le capitaine, M. Arnaud, M. Brouard s'escriment à qui mieux mieux. Ils grattent la peinture des panneaux, pour les faire repein-dre à neuf. Tranquillement assis au salon, j'écris mon journal.

Le vent souffle avec violence, la mer se fâche... Elle a beau faire !... Elle n'arrêtera pas notre course, et nous serons, sans doute, vers 4 h. à Porto. On n'aperçoit pas la terre. Il est 11 heures et nous allons nous mettre à table. Tout à coup, la perspective change... A tribord, une plage de sable me rappelant celle de Mimizan, de Ste-Eulalie. Le capitaine, toujours aimable, fait approcher du

rivage et nous longeons la côte. La ville d'Arveiro se dessine avec un phare sur la mer, et plus loin nous en voyons
un autre sur le port. On distingue 3 navires dans la rade.
Avançant vers Porto, un village de pêcheurs. Les embarcations sont à sec. Tout près, des hommes, des bœufs
chargés, paraît-il, de tirer le filet, remplissant l'office de
nos marins sur les côtes Landaises. Les hommes tirent
d'un côté, les bœufs de l'autre. Le sac est réussi et le filet
retiré de l'eau. C'est ingénieux et pratique. La véracité du
fait raconté m'est confirmée, car bientôt je distingue sur le
blanc du sable, à Espincho, les pêcheurs et les bœufs
exécutant la manœuvre sus-mentionnée.

Le *Pierre-Paul* ne discontinue pas sa course, nous per-
mettant de saluer au passage de délicieuses villas, de
petites villes. Elles appartiennent à des stations balnéaires.
Dans le lointain, deux flèches d'église : c'est la cathédrale
de Porto, entourée de nombreux édifices. A l'entrée de
Porto, on distingue un rocher sur lequel est construite une
chapelle ; c'est N.-S. de Piedra.

La légende, car elle existe, la légende porte qu'un christ
y fut jeté par la tempête ; on lui éleva un oratoire, et il est
pour toute la contrée un lieu de pèlerinage. Le pavillon
réclamant le pilote est enfin hissé ! Nous entrons dans le
Douro, dangereux à son embouchure... D'un côté des
rochers, de l'autre un banc de sable. La passe est des plus
difficiles, et il faut avoir l'œil, au bossoir. L'entrée du fleuve
est des plus pittoresques ; sur les deux rives, taillées en
monticules, des maisons, des villas ! à droite, à gauche,
des vapeurs, des voiliers, surtout des embarcations... Je
remarque un vaisseau de guerre Portugais ; sur le pont un
tas de gens en pantalons et vareuses blanches ; il sert
d'école aux mauvais sujets, c'est celle des mousses. Nous
jetons l'ancre en face de la Douane, bâtiment très beau et

très vaste. Il est 4 heures du soir. La Santé nous visite, mais la Douane brillant par son absence, nous ne pouvons descendre à terre. Quel malheur ! Mon office est récité et nous nous mettons à table. Il est 5 heures. Toujours la même vie intime, la vie joyeuse, aimable, et puis, en avant la musique, au lit...

Jeudi 19 Novembre. — A 6 h. 1/2, messe servie par le mousse... Déjeuner, promenade sur la dunette. A 10 h., avec Achille, M. Brandoën, employé chez M. Latourette, un compatriote, consignataire de la maison Biraben, nous nous rendons en ville dans les bureaux de la maison. Porto compte 150.000 âmes. Mais quels habitants, juste ciel ! Sauvages à l'excès, ils m'accueillent avec des rires et des airs des plus moqueurs. On riait, je souriais ; ils me considéraient d'un air benêt. Qu'avais-je à faire, sinon les toiser de la tête aux pieds... Ils perdaient l'occasion de rentrer dans leurs trous.

Visite tout d'abord à l'église St-François-d'Assises, un vrai monument, des plus riches et des plus anciens ; il remonte au IX* siècle. J'y ai vu l'arbre de Jessé, avec les personnages de grandeur naturelle, le tout d'un travail fini. Au dessous, dans une vitrine, une Vierge en cire, la Vierge de l'Agonie. En face, à droite en entrant, Jésus dans le tombeau. Vers la porte d'entrée, un grand tableau représentant les martyrs Japonais ; c'est d'un effet émouvant. En bas du tableau, une scène des plus saisissantes : le Massacre de Religieux Franciscains, par les Maures. L'un d'eux est à terre, la tête tranchée, et le Maure assassin la tient, cette tête, triomphalement dans sa main gauche, tandis que de la droite il montre son cimeterre, tout ruisselant de sang. Trois autres Pères enchaînés lèvent les yeux au Ciel, attendant la fin de leurs tortures.

Un cinquième est à genoux, sa tête est presque séparée du tronc. A ses côtés, un Maure à la mine insolente qui a son glaive levé, celui qui s'était abattu sur le martyr. Nous passons devant le palais de la Bourse et pouvons admirer le grand escalier en granit des plus rares. L'édifice est grandiose et merveilleux !

M. Latourette est chez lui... C'est un vénérable béarnais qui nous fit l'accueil le plus sympathique. Il m'accompagne dans divers magasins et nous nous séparons à 1 heure pour nous rendre à bord et dîner.

A 2 heures encore chez M. Latourette... Une calèche est mise à notre disposition pour une promenade des plus intéressantes. Visite au pont d'Eyffel, un vrai chef-d'œuvre. Nous le traversons à son sommet et au retour par le bas. Il est d'une hauteur prodigieuse et d'une solidité à toute épreuve. Le palais de cristal est splendide avec ses promenades et ses perspectives à perte de vue... Là, des loups, des renards, des singes, des moutons du Thibet, des boucs curieux, des gazelles, des aigles, des cochons d'Inde, des lapins, des molosses aux crocs menaçants. De l'esplanade du palais de cristal nous jouissons d'une vue qui n'a pas sa pareille : la mer, toute la ville, le *Douro* avec ses innombrables navires. A 6 heures nous rentrons à bord par canot. Mais il me faut signaler un certain incident : avant d'accoster, un gaillard à formes herculéennes me fait les gros yeux, des yeux de croquemitaine. Voulait-il m'avaler ? Le morceau eût été pour lui par trop indigeste... Il fait un signe qui m'indique son intention... Il voudrait me couper le cou... *Ven aca*, lui criai-je. Le voyou n'a pas quitté Porto et je suis, grâces à Dieu, la tête sur les épaules. — Nous sommes à table ; le capitaine, son second, le chef mécanicien, M. Latourette, son fils, M. Brandoën et moi. Un festin nous était préparé et on y a fait honneur. La gaieté la plus française n'a pas cessé d'y régner. A 9 heures on se sépare, sans se dire adieu, mais au revoir pour le lendemain, car le lendemain nous dînerons en ville. Je me rends dans ma cabine afin d'y réciter mon office. Je me couche à 11 heures.

Vendredi 20 Novembre. — Messe à 7 heures servie par le mousse... Déjeuner... Promenade sur la dunette, fumant ma cigarette. A 10 heures et 1/2 à terre avec Achille pour nous rendre aux bureaux de l'aimable compatriote. A midi nous sommes à l'Hôtel de Paris. M. Latourette, M. Brandoëns, Achille et votre serviteur. Nous dînons. Le vapeur devait démarrer à 2 heures, mais certaines pièces du Consulat d'Espagne manquaient et il est 3 heures quand on lève l'ancre. Nous descendons le *Douro*. A *tribord*, à *babord*, *droite*, crie le pilote et le timonnier de répéter le commandement. Sur la dunette je suis tous les mouvements du *Pierre-Paul*. A la sortie du *Douro*, une vague monstrueuse s'abat sur le navire et un jet superbe s'élève bien haut au dessus de son bord, l'inondant en entier... Moi de rire du bain forcé que va nécessairement prendre le brave M. Arnaud, placé sur l'avant. Mais bast ! Le malin a vu le coup et vite il s'est baissé pour laisser passer la lécheuse par trop familière. Nous touchons au port de Teixoès, pas de trop près, car il est hérissé de rochers. Nous tournons au large et nous voici le Cap sur Vigo. Il y a passablement du tangage. J'y suis habitué et il ne m'incommode plus. J'écris mon journal, tenant ferme en main la plume, comme si j'avais toujours couru les mers. On craignait le brouillard... La lune en son plein nous éclaire. Le vapeur avance à grande vitesse. Souper à 5 heures et 1/2, avec l'espoir d'arriver à Vigo, ou plutôt dans la baie de Vigo, vers minuit.

J'étais couché depuis 9 heures quand un bruit strident me réveille. On venait de jeter l'ancre. Ma montre suspendue au hublot de ma cabine me dit qu'il est une heure du matin. Je me rendors ou mieux je tâche de me rendormir pour faire la levée du corps à 6 heures. Je me rase, récite mon bréviaire et avant d'arriver définitivement au port, je dis ma messe servie par le mousse. Déjeuner à la hâte... MM. de la Douane ne trouveront pas encombrée la table du salon. Avec le chef cuisinier je me rends au marché. La baie de Vigo, enserrée par des rochers et de hautes montagnes met les navires à l'abri de tout mauvais temps. Nous visitons le marché aux légumes, aux fruits, et ce n'est plus comme à Porto que les gens m'accueillent avec dédain. Les marchandes m'adressent la parole pour la satisfaction de saluer un prêtre. Le marché à poissons est abondamment approvisionné. Les merlus, les sardines, les encornés, etc., etc., y sont en quantité et à un prix modéré. A 11 heures retour à bord. Il est bientôt midi. Le capitaine est à terre. Nous dînons sans l'attendre. Il arrive à une heure, fatigué de ses courses et surtout affamé. Une promenade en ville m'est proposée vers 2 heures 1/2. J'y renonce, aimant mieux rester avec mes amis, pour causer et rire. Me voici en règle avec mon office. Il est 7 heures. Nous attendons Achille et il arrive enfin, pas seul, mais avec le consignataire de Vigo. On se met à table pour se quitter à 10 heures.

Notre départ ne s'effectuera que demain, dimanche. Il s'agit de savoir si je pourrai dire ma messe dans la baie de Vigo ou s'il faudra que j'attende qu'on ait atterri vers 9 heures à Sainte-Eugénie (Galice).

Dimanche 22 Novembre. — On devait m'avertir dans le cas où le *Pierre-Paul* lèverait l'ancre de bonne heure. Il est 6 heures et il m'est annoncé qu'on attend un chargement.

Je puis donc célébrer le St-Sacrifice. L'autel est installé sur la dunette, à tribord avec des voiles formant chapelle, et au-dessus une autre voile servant de voûte. Je revêts les ornements sacerdotaux. L'équipage est là recueilli et aussi deux douaniers espagnols. Le pavillon de messe, croix rouge sur fond blanc est hissé au grand mât. Je monte à l'autel... Rien ne peut rendre de pareils spectacles et je ne dirai pas mon émotion, ma joie !... Le mousse, mon fidèle Léo était toujours mon enfant de chœur. Après la messe, déjeuner. Les cloches des diverses Eglises ou chapelles de Vigo font retentir les airs de leur airain sonore, conviant les fidèles à l'accomplissement d'un devoir sacré. Du hublot de ma cabine, j'aperçois distinctement de nombreux groupes se rendant à une chapelle d'un ancien Couvent. On ne rougit pas en Espagne de se montrer chrétien et on manifeste sa foi religieuse. La gabarre apportant des caisses attendues longe les flancs de notre navire. Le chargement s'opère. Nous partirons à midi. Il est 10 heures. Un soleil radieux nous gratifie de ses rayons.

Quel beau temps ! Nous partons en effet vers midi, contemplant les sites charmants qui nous environnent. La baie est sillonnée de nombreuses embarcations revenant de la pêche ou allant à la recherche du poisson. Sur le Cap du Navire, les gigantesques rochers qui défendent l'entrée du port, plusieurs d'entr'eux surmontés de phares. Nous prenons la pointe tribord, et non sans précautions, car, de tous côtés, des rochers formidables. La pointe est franchie. Nous nous dirigeons vers Ste-Eugénie. Nos estomacs résonnaient creux... Il est 1 heure, et sur la dunette, garantis par une voile contre les feux du soleil et contre le vent, nous nous mettons à table. Dîner témoin une fois de plus de notre bonne humeur assaisonnée de bien de mali-

ces qui excitent l'hilarité. Un spectacle curieux vient atti-
rer mon attention. Ce sont des nuées d'oiseaux qui voltigent au-dessus de la mer pour piquer des têtes à qui mieux
mieux, se précipitant sur des bancs de sardines, s'élevant
dans les airs avec leur proie et fondant de nouveau sur des
nouvelles victimes. La mer tressaille en jets écumants
autour des goélands, qui plongent dans son sein. Il est
2 h. 1/2. Nous apercevons Ste-Eugénie pour y arriver
probablement vers 4 heures. J'en dirai mon impression
quand j'aurai touché barre.

Ste-Eugénie ! Devant nous des rochers en quantité ; à
babord, un village considérable. Nous approchons de
Môle ; sur le môle un tas de curieux. On mouille, et bientôt accostent plusieurs embarcations chargées d'individus
de l'endroit : l'alcalde, l'administrateur des Douanes, le
Consignataire et d'autres alléchés par des douceurs qu'ils
sauront demander si elles ne leur sont pas offertes. Diables
de mendiants, toujours prêts à recevoir... M. Brouard
prétend que nous avons à bord une des sept plaies d'Egypte
et à ma réflexion que ce sont les grenouilles qui nous ont
envahis, le rire fou nous prend et nous nous tenons à distance de cette bande à Mina.

Ils filent enfin, non sans avoir pris le café avec ce qui le
rend meilleur. Portugais et Espagnols, fonctionnaires que
j'ai pu voir à l'œuvre, sont tous un tas de gourmands et
d'indiscrets qui me déplaisent ! Quelle différence avec notre
France où la dignité de convenance passe avant tout !...
Les gamins ne sont pas en retard pour l'assaut ; ils se
présentent à la cuisine demandant du rhum, je les menace
des crocs du brave Socoa, et vite, sans se faire prier, ils
regagnent leurs canots.

A 4 heures je descends à terre, en compagnie d'un
Basque de St-Jean-de-Luz-Ciboure, Martin Irigoyen. Nous

parlons notre langue, qui ne manque pas pour nous d'harmonie loin du pays bien-aimé. Martin est depuis 14 ans à Ste-Eugénie et marié à une Espagnole. Je vais à l'église qui se fait remarquer par sa propreté. Elle est solidement bâtie, toute en pierres de taille. M. le Curé, que j'aperçois à l'entrée, m'accueille avec bienveillance. C'est un homme magnifique, de la prestance de mon cher Albert, mais avec cette différence qu'il a le sourire sur les lèvres et ne fronce pas les sourcils. Ste-Eugénie a une population de 2000 habitants ; une seule rue d'une longueur au moins de 2 kilomètres, bordée de maisons, quelques-unes très jolies et tirées au cordeau.

Beaucoup de magasins d'étoffes, quelques bouchons, où la liqueur favorite est le tord-boyaux. Le vin s'y débite au comptoir et on le boit sur le pouce. *Buenas tardes, buenas noches, este, usted con Dios,* telles sont les salutations échangées avec les passants. Le prêtre est ici respecté, d'où qu'il vienne. On me considère cependant avec curiosité, mais une curiosité bienveillante. C'est dimanche et la rue est sillonnée de nombreux promeneurs. L'élément féminin y domine. A 5 heures 1/2 je revenais à bord. Nous soupons et je vais me coucher, non sans avoir prolongé la soirée jusqu'à 9 heures, fumant, causant, riant...

Lundi 23 Novembre. --- On m'avait proposé un voyage à St-Jacques de Compostelle ; mais il fallait partir à 3 heures 1/2 du matin, rentrer à 9 heures du soir. J'ai mieux aimé rester à Ste-Eugénie. A 7 heures, messe servie par le mousse, déjeuner, promenade sur la dunette. A 10 heures, avec M. Brouard, je monte sur le canot *Petit Pierre-Paul* et nous allons faire provision de moules, pas très loin. Des rochers situés près du môle, à quelques encablures du navire, en détiennent des quantités. Notre panier se

remplit en un clin d'œil et nous sommes à bord vers 11
heures pour dîner, non plus sur le pont encombré de
barriques vides, ni sur la dunette couverte de ballots de
liège, mais dans la tille, éclairés par une lampe dans ce
réduit assez sombre. Entre deux bouchées, la conversation
s'anime, reprenant sans interruption. Les trois amis ne
s'ennuient certes pas ! Nous rions, M. Brouard et moi des
gronderies de M. Arnaud mécontent du mousse qui est
trop lent dans ses mouvements. Gare au peloton ! Le
pauvre enfant a été puni, depuis 3 jours, par le chef
cuisinier et il n'a rien mangé depuis le matin. Nous le
trouvons naïf de ne pas prendre ses précautions avant de
servir les autres et on lui emplit une assiette de viande et
de pommes de terre qu'il s'empresse de cacher dans une
armoire. Pauvres mousses ! Ce sont les chiens du bord ! A
2 heures je me rends à terre avec M. Brouard. Il s'agit de
faire une excursion dans la campagne. La route de Sainte-
Eugénie à Muros est très bien entretenue. Nous la quittons
à 2 kilomètres pour nous engager dans un sentier au pied
d'une montagne sur le sommet de laquelle est une chapelle
dédiée à San Alberto. Nous l'atteignons, on y jouit d'un
point de vue ravissant. En face vers le môle, la mer, le
Pierre-Paul, d'autres navires et dans le lointain des
milliers de voiles apparaissant comme autant de mouettes,
aux ailes blanches. Sur la gauche, des villages, des
montagnes, l'escadre anglaise, composée de 14 vaisseaux.
D'un autre côté, le cap Finistère et dans le bas le phare et
les rochers de Corrubedo. Notre descente s'effectue à pic.
Arrivés sur la grande route, vers 5 heures 1/2, le tintement
d'une cloche frappe mes oreilles. C'est l'*Angelus* du soir.
Combien je suis heureux de me découvrir et de saluer
l'Immaculée. Il y avait si longtemps que pareille joie ne
m'avait été procurée, celle d'entendre résonner l'airain

sacré. Nous rentrons à bord vers 6 heures très satisfaits de notre promenade. Souper de bon appétit et au lit !

Mardi 24 Novembre. — Lever à 6 heures 1/2. A 7 heures 1/2 messe servie par le mousse. Déjeuner. Achille est parti ce matin à 3 heures 1/2 pour Villa Garcia, située à 18 kilomètres. Il voulait m'amener; mais j'ai préféré rester ici, ayant l'office à réciter et me souciant fort peu d'être avec des étrangers qui l'accompagnaient. Je devais avec M. Brouard courir en chasse. Va te promener ! M. Brouard faisant bon cœur contre mauvaise fortune, doit compter les barils et les caisses qu'on amène de tous côtés sur des gabarres. C'est un mouvement continuel de va et vient de bâteaux. Nous dînons à midi et demi.

Le temps est superbe... Il fait chaud... Les barques quittent le port pour aller à la pêche de la sardine. La mer en est couverte, de barques s'entend... L'escadre anglaise est toujours à 10 kilomètres. Achille arrive par mer, à 4 h. Il a fait, à Villa-Garcia, l'acquisition de sept paires de poulets dodus du prix de 3 fr. 50 la paire; certes, la volaille est à bon marché dans le pays.

Une gabarre se détache du môle chargée de barils de sardines pressées. A son bord, deux Espagnols en soutane. Ils viennent fraterniser avec le prêtre Français. Le capitaine leur fait les honneurs de son navire, et introduits au salon, ils sont invités à prendre le vermouth avec nous. L'un d'eux, Don Pedro Fuentes Roel est chapelain de Ste-Eugénie; le second, diacre et élève externe du grand Séminaire de Santiago. Nous causons, tout en fumant des cigarettes. Déjà Espagnols et Français sommes excellents amis. Ces Messieurs me proposent une promenade dans le village, et en bateau, sur le petit *Pierre-Paul* nous accostons. Je revois la même longue rue, et l'abbé Roel me présente à un de ses amis, curé du voisinage. Il m'invite, quand j'en aurai l'occasion, à mon prochain voyage, de lui faire l'honneur d'aller le voir. Ce prêtre dessert une paroisse peu éloignée de Corrubedo. Don Roel veut à tout prix que j'aille chez lui, dans sa pension, et il me faut accepter des gateaux, du rhum. Il me plait, cet abbé, par sa franchise et sa bonté. Nous voilà déjà de vieilles connaissances, et contre sa photographie qu'il m'offre en souvenir, je promets de lui envoyer la mienne par le *Pierre-Paul.*

A 6 h. 1/2 à bord Mes gens sont à table. Ils avaient eu parfaitement raison de ne pas attendre le retardataire qui manquait à l'heure militaire. Néanmoins je les rattrape au second plat, et le souper se termine au milieu des rires et de bel entrain. Nous nous séparons vers 9 heures, car le lendemain il faudra déraper vers 6 heures.

Mercredi 24 Novembre. — A 5 heures j'entends le branle-bas, le bruit des chaînes, le sifflet de la sirène. On va lever l'ancre. Vite me voilà sur pied. A 6 heures, messe servie par le mousse... Le navire est en marche et nous sommes déjà loin de Ste-Eugénie, quand je puis déjeuner. On me signale le phare et la côte de Corrubedo. C'est sur les rochers de Corrubedo que se perdit en 1895 le Don Carlos, navire français... 130 victimes au moins !!!

Nous filons vers Muros et y arrivons à 10 heures. Muros tire son nom des nombreux mûriers qu'on y rencontre. Le village est considérable, descendant du flanc de la montagne jusqu'à la mer. Les maisons y sont noires et ne brillent pas par la propreté .. A Muros, un curé, un vicaire, des chapelains et des prébendés, en tout 7 sacerdotés pour une population de 4,000 habitants... Après dîner nous descendons à terre, faisons escale au Casino de l'endroit, où l'on peut jouer au billard ; mais quel billard ! La partie ne dure pas longtemps et nous dirigeons nos pas vers la campagne. Les gens ont bon air, ils sont affables. Garçons et fillettes de me considérer avec curiosité, de me suivre, mais pour m'adresser de nombreux *buenas tardes*.

Visite à une fabrique de conserves de sardines. Le chef de la maison, un vieillard de 71 ans, nous accueille avec joie. Il voudrait m'avoir pour curé, prétendant que je suis très aimable, bien plus aimable que les prêtres du lieu... Et moi de rire et de le remercier de ses compliments si flatteurs. A notre retour dans le village, je suis présenté à M. le Curé qui m'invite à dire ma messe, le lendemain, dans son église. Promesse en est faite de me rendre à son désir. Achille est souffrant de la tête. Nous rentrons à bord, lui pour se reposer, moi pour me joindre à MM. Arnaud et Brouard. C'est dans la tille que nous décidons de souper, pour ne pas déranger le malade. Là, nous pourrons rire, élever la voix, causer, sans ennui pour personne.

A 9 heures, ces messieurs restent chez eux. Je passe du gaillard d'arrière sur l'avant, pour rentrer dans ma cabine, et je me mets au lit. La chambre d'Achille est fermée ; le fidèle Socoa me demande l'hospitalité et il s'étend au pied de ma couchette après m'avoir prodigué force caresses.

Jeudi 26 Novembre. — Lever à 7 heures, au grand jour. Je fais ma toilette, car à 8 heures on doit venir me chercher, en canot, pour la messe à dire à l'église paroissiale. Les prêtres espagnols me reçoivent d'une façon très affable. Le maître-autel est prêt. Plusieurs personnes entendent ma messe et je donne la Ste-Communion à 8 femmes. Il me faut accepter le déjeuner dans une salle, lieu de réunion pour les conférences. Les prêtres Espagnols, une dizaine au moins, me tiennent compagnie. Nous fumons, nous causons, nous rions, et tant bien que mal je parle espagnol, assez cependant pour me faire comprendre. Pas un d'eux qui comprît le français. Ils trouvent que je ne suis pas embarrassé dans la langue de Cervantès. Pouvais-je ne pas être content des éloges qui m'étaient adressés ? On serait fier à moins ! A 10 heures je salue mes nouvelles connaissances, et à peine sorti de l'église, j'entends la sirène du *Pierre-Paul*. Diable ! Va-t-il partir sans son aumônier ? Non ! c'est Achille qui s'impatiente, on ne lui apporte pas les papiers qu'il réclame. J'embarque, et, maintenant, adieu la terre jusqu'à Bordeaux...

Nous quittons la baie de Muros à 11 heures, et, longeant d'inaccessibles montagnes de la plus triste aridité, montagnes au versant desquelles on voit cependant de nombreux villages, nous arrivons en pleine mer. A 1 heure, nous nous mettons à table dans le salon. Il souffle un fort vent de N.-E. Le *Pierre-Paul*, quoique très chargé, danse. Il embarque l'eau salée. A 2 heures nous dépassons le Cap Finistère. Un phare, un sémaphore avec habitations de guetteurs le couronnent, et nous voilà voguant à toute vapeur, non sans sauter. La côte est hérissée de rochers à pic. Peu de villages ; le pays est sec et rocailleux, je me demande où les gens peuvent trouver de quoi se nourrir, à moins qu'ils ne se contentent de coquillages ou de poissons ; maigre pitance si elle est de tous les jours.

A tribord les montagnes, et à babord comme en avant : l'Océan. Vers 5 heures, au moment de nous mettre à table dans le salon, non plus sur le pont ou sur la dunette, car il souffle une sale brise qui pénètre les os, j'aperçois un feu électrique, celui de Villano, qui, à deux reprises simultanées, semble lancer des châtaignes. (Expression de M. Brouard). Il a dû pleuvoir, tandis que je continuais mon journal, car l'arc-en-ciel réjouit nos yeux. Nous soupons, fortement secoués ; c'est une danse malgache des mieux réussies. Le pauvre chef, Emmanuel, n'est pas fier...

Il nous sert à la hâte, craignant d'avoir à compter des chemises. Son visage est pâle et une sueur froide inonde son front. Nous rions de ses angoisses et lui ne rit pas... La pauvre humanité est ainsi faite. On se joue des malheurs d'autrui... La moitié du genre humain se moque de l'autre moitié et comme le dit si bien le proverbe espagnol : *Este mundo es un fundango... El que no lo baila es un tonto...* Si danser il faut, pas sur le plancher des vaches, vraiment nous dansons et le bal va son train au bruit du vent, de la mer en courroux. A 7 heures 1/2 nous nous souhaitons bonne nuit et je me renferme dans ma cabine tâchant de ne pas perdre l'équilibre. La mer devient de plus en plus capricieuse, sous l'influence du vent qui mugit avec force. La nuit sera certainement mauvaise... Mes dévotions terminées, je me couche. Pauvre petit lit !... Il monte, descend, pour continuer à suivre les mouvements du navire. Néanmoins je m'endors ; mais réveillé en sursaut par un tangage infernal, j'interroge ma montre.. Elle marque 11 heures 20 sur son cadran. Il fait très mauvais temps. L'avant du vapeur pique des têtes pour se relever aussitôt. La vague bondit et inonde le pont sans ménager la passerelle et la dunette... Je plains le pauvre timonier et l'homme de quart, le bon Vaillant. J'éteins ma lampe pour me rendormir.

Vendredi 27 Novembre. — Il est 7 heures quand je me lève. Impossible de dire ma messe... trop de tangage... trop de roulis... A 8 heures déjeuner. Il s'en allait temps, car l'estomac creux est surtout exposé aux atteintes du mal de mer. Il faut s'empresser de le lester.

Je fume, en lisant la Jérusalem de Pierre Loti, ouvrage

très bien écrit, mais à mon avis l'œuvre d'un sceptique. Il cherche Jésus, dit-il, et il ne le trouve pas dans les lieux où il a passé. Pauvre aveugle qui refuse d'ouvrir les yeux à la lumière ! Il proteste, lui, Loti, contre ce qu'il rencontre sur son passage. Ecoutez : « Dans 3 jours, je vais partir...

« et je n'aurai rien trouvé de ce que j'avais presque espéré
« pour mes frères et pour moi-même, rien de ce que j'avais
« presque attendu avec une illogique confiance d'enfant...
« Rien !... Des traditions vaines, que la moindre étude
« vient démentir... Dans les cultes, un faste séculaire
« auquel les yeux seuls s'intéressent, comme au coloris des
« choses orientales, et des idolâtries touchantes, peut-être
« jusqu'aux larmes, mais puériles et inadmissibles...

« Et maintenant que le Christ est inexistant, tout à fait
« perdu, les figures vénérées et chéries qui s'étaient
« endormies en Lui, me font l'effet d'en être allées à sa
« suite, à s'en être allées dans un recul plus effacé... Je les
« ai perdues, elles aussi, davantage, sous une plus définitive
« poussière... Après la vie, comme dans la vie, pour moi
« tout est fini plus inexorablement. » — La fin du livre me laisse dans le cœur une triste impression sur celui qui l'a signé. « Et d'ailleurs, ajoute-t-il, je bénis même cet instant
« court où j'ai presque reconquis en Lui l'espérance
« ineffable et profonde, — en attendant que le néant me
« réapparaisse, plus noir demain. » — Chercher le Christ, pleurer sur le Christ *inexistant*, parler ensuite du néant, c'est de la part de Pierre Loti une insolence qui fait hausser les épaules des gens sérieux, sans être académiciens...

Le Commandant du *Javelot* fera bien de rester à son bord... Qu'il ne se dérange pas pour se mettre à la recherche de ce qu'il ne veut pas trouver. On ne peut être plus *protestant*, contre la vérité... Il ne sera jamais un Christophe Colomb découvrant l'Amérique.

A 10 heures je monte sur la dunette. La mer écume et bondit sur le pont... Partout, de quelque côté que se dirige le regard, l'immensité de l'Océan. Pas une voile à l'horizon. A 11 heures nous nous mettons à table et nous ne manquons ni d'appétit ni de bonne humeur, même Achille qui est cependant souffrant. Chacun de nous cherche à l'égayer. Bientôt il nous quitte pour se reposer dans sa chambre. M. Arnaud est sur la dunette, l'œil au bossoir ; M. Brouard sur le pont, lisant le journal et moi dans le salon, remémorant les moindres détails pouvant intéresser. Il est 2 heures 1/2. Le timonier de quart fait retentir le timbre de la clochette du bord. Il demande un remplaçant et je vais réciter mon office. Nous sommes toujours sur les côtes Ibériques. Le navire tangue de plus belle. Nous sommes à 100000 de terre... Que l'homme est petit dans cette immensité ! Je réfléchis sur les dangers d'un naufrage. Comment se sauver avec une mer aussi grosse et si loin du bord ? Mon imagination va son train et je tire des plans pour les chances du succès... Certainement tous mes efforts tenteraient le salut... Là, sur le pont, des balles de liège... Vite, j'en réunirais un certain nombre en radeau et vogue la galère, non sans compter sur Celle qu'on n'invoqua jamais en vain, Marie de qui nous attendrions du secours. Car si je veux échapper à la mort, je ne veux pas oublier ceux qui courent les mêmes risques. L'essentiel serait de ne pas perdre la tramontane et Dieu aidant, nous ne la perdrions pas.

A 5 heures on se met à table. Achille est remis de son indisposition et nous invite à prendre le vermouth. L'hilarité ne fait pas défaut. Toujours des taquineries... Le bon M. Arnaud est le point de mire des attaques du capitaine et de M. Brouard. Fort heureusement il ne se trouble pas, ayant excellent caractère et comprenant la plaisanterie.

La nuit s'annonce fort mal. Le baromètre baisse, Tonnerre de Brest ! Tant pis ! Je vais à 7 heures 1/2 me coucher. Hélas ! il ne m'est pas difficile de constater que nous avions raison de craindre des ennuis. ceux du tangage... Le *Pierre-Paul* est une vraie balançoire ; c'est égal, malgré tout je m'endors jusqu'à 7 heures du lendemain, bercé d'une étrange façon, c'est vrai. Mais on finit par s'habituer à tout.

Samedi 28 Novembre. — Il me faut des efforts d'équilibre pour m'habiller et encore je ne réussis pas toujours à rester ferme sur mes bases, obligé de me tenir à tout instant, aux parois de la cabine. Enfin, je parviens à revêtir ma soutane, à faire ma toilette... La mer est grosse... Je déjeune dans ma chambre dont la porte est ouverte... La chaleur de l'intérieur éprouve mon estomac et je dois sortir sur le pont pour humer l'air et ne pas nourrir les poissons... Quelle balançoire, mon Dieu ! La vague embarque de l'avant et l'arrière parait vouloir s'engloutir. Le flot rase le bord du vapeur et y pénètre trop souvent.

Assis sur l'escalier de la dunette, je récite tout mon office... Il est 10 heures. Des bastingages, je contemple la mer qui moutonne, moutonne toujours de plus en plus fort et pour me distraire je fredonne mes cantiques de prédilection :

En quittant le rivage,
Quand nous disons adieu,
Mainte voix de la plage
Répond : pensez à Dieu !
La mer retentissante
Qui jamais ne s'endort,
Dans sa vague écumante
Souvent cache la mort !

Refrain. — Blanche étoile,
Sur ma voile
Blanche étoile, ah ! luis toujours.
Ma nacelle
Est si frêle,
Viens, fidèle à mon secours.

—

Quand les flots battent la nacelle
Et menacent de l'engloutir,
Le marin tremblant vous appelle
Et vous venez le secourir ;
Comme lui nous prions encore
Et nous tombons à vos genoux.
Votre famille vous implore.
Notre-Dame, veillez sur nous.

Le lieu pour ces chants à la Madone pouvait-il être mieux choisi ? A 11 heures on m'appelle, c'est l'heure du dîner. On a signalé un vapeur qui nous traverse. Je l'aperçois avec la lorgnette, il se dirige vers Bilbao. Nous mangeons d'excellent appétit. Mais, comme durant toute la traversée il me faut essuyer les assauts d'Achille et de M. Brouard qui, me prenant en traître, emplissent mon assiette, quand je crois avoir terminé mon repas.

Ils me le paieront cher, quand je ne serai plus à leur merci et qu'ils seront chez moi... Gare dessous ! Mais, en attendant, il me faut obéir jusqu'à demain dimanche, jour de ma délivrance.

Que dis-je ? Etais-je donc esclave ? Ne le croyez pas, amis lecteurs. Non, je ne suis pas impatient de ma descente à terre. Elle sera le signal de notre séparation, et la pensée que bientôt je ne serai plus avec d'aussi bons camarades, me fait éprouver un serrement de cœur ! J'ai goûté de si doux moments à bord du cher *Pierre-Paul !*... C'étaient des joies de tous les jours...

Nous filons sur Bordeaux et sans doute nous y arriverons demain après-midi. Il est 2 h. 1/2. Le ciel est couvert de nuages sombres. La pluie tombe. Nous ne sommes plus sur les côtes du Portugal ! Quelle différence de température... Là-bas un soleil radieux, la chaleur... Ici, l'astre du jour ne paraît pas ; il fait froid... Je me rends dans ma cabine pour réciter l'office, et ce qui m'ennuie passablement, c'est que demain nous célébrons le 1er Dimanche de l'Avent et je n'ai pour Bréviaire que la partie d'Automne. A l'impossible nul n'est tenu. . Je réciterai l'office de saint Saturnin, martyr... Il est 3 h. 1/2. Me voici en règle. *Matines* et *Laudes* de demain sont dites. Toujours le temps sombre... toujours la pluie... toujours la forte mer fatiguant le navire et ceux qui le montent. Mais n'importe ; toujours aussi en avant ! Quelques marsouins prennent leurs ébats autour de nous, et quelques goëllands, fort rares en ces parages, voltigent au-dessus de nos têtes. La nuit profonde arrive... A 5 heures nous soupons, et le programme habituel ne varie pas. Demain, nous serons enfin dans les eaux françaises, dans la Gironde, et je m'endors avec cette douce espérance.

Dimanche 29 Novembre. — A minuit je m'éveille forcément. La mer doit être en fureur à en juger par les secousses du vapeur... Impossible de fermer l'œil !... Depuis 3 heures c'est un roulis des plus assommants ! Je crains à chaque instant d'être projeté hors de ma couchette; mais les précautions avaient été prises... J'étais emprisonné dans les couvertures, de façon à rester ferme au poste.

Au point du jour je saute à bas de mon lit, m'habille et me voilà sur la dunette. A tribord la tour de Cordouan, avec ses feux allumés. La terre se dessine avec des charmants points de vue. Nous sommes en pleine rivière, avançant vers Pauilhac. Nous serons à Bordeaux vers 1 heure. J'ai pu ce matin dire ma messe, servie par le mousse. Les amis, MM. Arnaud et Brouard, y assistaient. Achille reposait, car il était resté debout toute la nuit. Il est 10 heures. J'ai déjeuné.

Vers midi, nous dînons à la hâte, car on arrive. En vue de Laroque, patrie de M. Arnaud, je monte avec lui sur la passerelle afin de saluer sa famille qui nous attend, agitant des mouchoirs. Nous répondons aux signaux et la sirène n'a pas perdu sa voix. M. Arnaud est ému. Il revoit à Laroque, sa chère femme, l'aimable Mme Arnaud, dont j'ai eu le plaisir et l'honneur de faire la connaissance, son petit enfant, sa belle-mère, son beau-père, un vieux de la vieille, encore solide au poste malgré ses 86 ans, un vrai loup de mer.

Dois-je oublier un incident du dernier repas à bord du *Pierre-Paul* ? Léo, le mousse, nous servait un plat de sauce, seulement il ne lâche pas le plat et répand tout le liquide sur ma soutane.

J'en fus quitte en changeant de vêtements. Cher Léo, je te pardonne et le dégraisseur réparera les traces de ton méfait.

En terminant mon journal il ne me reste plus qu'à exprimer un regret bien sincère, celui de quitter ceux qui n'ont rien négligé pour me faire trouver douces les heures de mon voyage. Le souvenir de leurs attentions et de leur amabilité ne s'effacera jamais de ma mémoire et les 3 semaines passées à bord du *Pierre-Paul* compteront parmi les meilleures, goûtées dans ma vie.

S. M. LABORDE,

Missionnaire-Apostolique.